PREMIER MÉMOIRE

SUR LES

PRINCIPALES MANIPULATIONS,

Qui font en ufage dans les Papeteries de Hollande,
avec l'Explication phyfique des réfultats
de ces manipulations.

Lû à l'Académie Royale des Sciences, le 20 Février 1771.

Par M. DESMAREST, de la même Académie, & Infpecteur
des Manufactures.

M. DCCLXXIV.

A

PREMIER MÉMOIRE

PRINCIPALES MANIPULATIONS

*Qui font en ufage dans les Papeteries de Hollande,
avec l'Explication phyfique des réfultats
de ces manipulations.*

DEPUIS que j'ai eu des occafions fréquentes d'étudier
les différentes manipulations en ufage dans les Papeteries de France, & de faire une comparaifon fuivie des
papiers qu'on y fabrique avec ceux qu'on tire de Hollande,
j'ai été convaincu que les Hollandois fuivoient dans la
préparation de leurs papiers des procédés qui nous étoient
totalement inconnus, & à l'aide defquels ils leur commu-
niquoient certaines qualités que nous avons tenté depuis
long-temps, fans un fuccès bien décidé, de donner aux
nôtres. On fait que les papiers de Hollande, deftinés la
plupart à l'écriture & au deffin, ont une furface très-
douce & très-unie, qu'ils ont une teinte légère de bleu
qui éclaircit avantageufement le blanc de la pâte, qu'ils
font bien collés & également collés dans toute leur furface:
qu'enfin le fond de leur étoffe a une foupleffe qui ne
nuit point à fa force. On leur reproche, il eft vrai,
avec quelque fondement; 1.° de fe couper dans les plis

A ij

4

lorfqu'ils font expofés à un certain frottement; 2.° d'empâter le bec de la plume, lorfqu'on écrit long-temps
avec la même plume ; 3.° de n'être pas propres, comme
ceux de France, à l'impreffion des livres, & fur-tout à
celle des cartes & des eftampes, parce qu'ils réfiftent trop
à la preffe du taille-doucier.

D'un autre côté, les papiers fabriqués dans les moulins
de France & deftinés à l'écriture, même ceux d'une qualité fupérieure, les pâtes fuperfines de l'Auvergne, de
l'Angoumois & du Vivarais, ont communément à leur
furface une infinité d'afpérités, & préfentent un grain peu
adouci qui s'oppofe à chaque mouvement de la plume;
le fond de leur étoffe a une roideur affez peu traitable;
enfin ils font collés fi foiblement & fi inégalement qu'à
peine peut-on en trouver qui foient propres au deffin &
aux enluminures.

D'après une différence auffi marquée dans des parties
effentielles, obfervées conftamment entre les papiers fabriqués en Hollande, & ceux qui fortent de nos meilleures
manufactures, je foupçonnai que l'art de la papeterie en
Hollande étoit en poffeffion de certaines manipulations
qui n'étoient pas parvenues jufqu'à nous; & je fus confirmé
encore davantage dans cette préfomption, en n'obfervant
par rapport à ces points effentiels qui font la douceur de
la furface & la foupleffe de l'étoffe, aucune amélioration
bien fenfible dans les papiers qui portoient l'attache des
fabriques où l'on avoit introduit les cylindres Hollandois.
Je puis citer ici les papiers ordinaires de Montargis, de
Montbron en Angoumois & de Voujeaud en Bourgogne.
J'attribuois ces qualités ineftimables du papier de Hollande,
à quelques manipulations délicates, que n'avoient pas faifies
ceux qui s'étoient occupés de l'introduction des cylindres
en France. Je n'étois pas ébranlé par les difcours vagues

de quelques-uns des fabricans François, qui ayant vifité des moulins Hollandois, m'affuroient n'y avoir vu que ce qui fe pratique journellement dans les nôtres, & qui attribuoient aux fortes preffes que les Hollandois ont dans leurs falles, la douceur & la foupleffe de leurs papiers. Pour convaincre ces fabricans du peu de fondement de leurs prétentions, je fis mettre à différentes fois, fous une preffe d'apprêteur, des papiers fabriqués dans nos moulins, & fur-tout du *pro Patria* fabriqué à Montbron, dont la pâte, triturée avec les cylindres, étoit auffi fine & auffi blanche que celles des papiers femblables, faits en Hollande. Les papiers François, foumis à cette épreuve quatre à cinq jours de fuite, pendant lefquels je fis toujours augmenter la compreffion, en fortirent avec un grain très-peu adouci, avec des afpérités encore très-multipliées à la furface, & avec la même roideur dans le fond de l'étoffe: on verra par la fuite les raifons du peu de fuccès de la preffe fur ce papier pris dans cet état.

En conféquence de tous ces motifs, je fentis la néceffité de voir en détail tous les procédés des Hollandois, & de les voir, relativement aux réfultats dont j'ai parlé, pour introduire, s'il étoit poffible, ces procédés dans nos fabriques. Comme j'avois étudié l'art de la Papeterie en France, j'étois en état de diftinguer, parmi les procédés Hollandois, ceux qui méritoient une attention particulière, quoique fimples en apparence, d'avec ceux qui n'avoient rien de plus avantageux que les manipulations en ufage dans nos moulins. Je communiquai mes vues à M. Trudaine, dont on connoît le zèle pour la perfection des Arts; il crut mes raifons affez fondées, & l'objet affez important pour mériter un voyage en Hollande: c'eft la fuite raifonnée des principales obfervations que j'ai faites dans les moulins de Hollande & de Flandre, que je vais préfenter

à l'Académie; je m'attacherai à donner d'abord la defcription des procédés particuliers aux Hollandois, en les
comparant foigneufement avec les parties de notre travail
qui y correfpondent; enfuite j'indiquerai la différence des
réfultats en faifant envifager les raifons phyfiques de cette
différence.

Je ne crois pas devoir m'attacher ici à décrire toutes
les petites manœuvres que j'ai eu occafion de remarquer,
& qui, quoique très-avantageufes, n'entrent pas dans le
fond du travail des Papeteries Hollandoifes, auquel je me
borne dans ce Mémoire. Je veux, par cette fuppreffion,
mettre plus de fuite dans la defcription des procédés principaux, & par ce rapprochement, établir, d'une manière
plus frappante, la différence des procédés de France &
des procédés Hollandois; afin de montrer, avec plus de
précifion, les avantages qui nous manquent, & les moyens
fimples & fûrs de les obtenir.

Comme toutes les opérations dont je vais m'occuper,
ont principalement pour but de donner une forte d'apprêt
à l'étoffe du papier, j'ai cru devoir mettre fous les yeux de
l'Académie, l'ébauche groffière de cette étoffe, & infifter
fur le premier état où elle fe trouve, avant que de fubir
fes différens apprêts. Ces détails doivent naturellement
précéder ceux des apprêts, puifqu'ils ferviront à faire faifir
plus facilement les raifons de ces apprêts & les nuances
de leurs effets.

La pâte qui fert à former une feuille de papier, eft reçue,
comme tout le monde fait, fur une grille de fil de laiton,
plus ou moins fin, dont les brins font placés parallèlement,
& maintenus dans cette difpofition par un tiffu du même
fil. La fuite des fils de laiton parallèles fe nomme *verjure*,
& le tiffu *menucordion;* cette efpèce de toile eft non-feulement tendue & affujettie par les extrémités à un cadre de

7

bois, mais encore foutenuë dans le milieu par plufieurs
traverfes, auffi de bois, qu'on nomme *pontufeaux*. En
conféquence de cette conftruction, il eft aifé de fentir que
l'étoffe du papier, formée fur cette toile, doit prendre &
conferver les impreffions de toutes les pièces qui compofent fon tiffu & des vides qui fe trouvent entre ces pièces.

Dans le deffein de voir toutes ces impreffions bien
confervées fur une feuille de papier, je fis fabriquer, avec
les formes du carré ordinaire quelques feuilles que j'y
laiffai fécher: après quoi, j'effayai de les enlever doucement; à mefure que je les détachois, je fuivois le détail
des impreffions que la toile y avoit produites. J'aperçus
d'abord que les traces des fils de laiton, tant de la *verjure*
que du *menucordion*, étoient fillonnées en creux fur le côté
adhérent à la forme, & que chacune des impreffions en
creux, étoit féparée par une forte faillie qu'avoit produit
la pâte, en s'infinuant dans les intervalles des fils de laiton:
en forte que la feuille de papier, de ce côté, préfentoit
l'afpect d'une étoffe cannelée. Sur la face oppofée, la trace
de la *verjure* étoit relevée en boffe, & ce détail formoit des
éminences arrondies & parallèles qui couvroient toute la
furface de la feuille: il en étoit de même de la trace en
relief du *menucordion*, des lettres & de la marque du papier,
excepté qu'elle étoit plus prononcée que la première.

Voilà donc la première ébauche de l'étoffe du papier,
qui fe trouve foumife à toutes les opérations fubféquentes
de la papeterie: c'eft de cette bafe que j'ai cru devoir partir,
pour rendre compte plus exactement de l'efprit des manipulations & de leur influence dans la préparation du papier.
Cependant comme dans le papier qui a reçu fes derniers
apprêts, on reconnoît encore toute la régularité de ces
premières impreffions, il eft vifible que ces apprêts ont
pour but d'adoucir ces impreffions, fans les faire difparoître

entièrement: j'indiquerai donc ici les principales nuances par lesquelles tout ce travail s'exécute.

Le coucheur, en renverfant fur le feutre la forme chargée d'une feuille de papier, aplatit un peu les éminences arrondies qui font tracées fur l'une de fes furfaces, & fait qu'une partie des creux produits par la verjure fur l'autre, fe remplit en même temps. Cependant l'effort qu'il fait pour détacher les parties de la pâte engagées entre les fils de laiton, produit une infinité de petits poils qui paroiffent le long des parties faillantes qui reftent fur la feuille.

Sous la preffe, avec les feutres d'abord, enfuite en porfes blanches fans les feutres, ce travail fe continue; les veftiges des baguettes arrondies qui font le relief des verjures, s'aplatiffent totalement, & ce qui en eft une fuite, les creux oppofés difparoiffent auffi, mais les traces des parties faillantes formées dans l'intervalle des fils de laiton, deviennent apparentes des deux côtés en conféquence de leur épaiffeur, & s'arrondiffent par la preffe : on trouve donc toujours en conféquence fur les deux faces des feuilles de papier, deux fyftèmes de baguettes proéminentes, dont on voit aifément la caufe fi l'on a fuivi, comme je l'ai fait, le progrès de tout ce travail. Après que les porfes blanches ont paffé fous la preffe de la cuve, il s'en faut bien que toutes les afpérités & tous les petits filamens occafionnés par la forme, aient difparu; & comme c'eft à ces feules opérations que fe bornent en France tous les apprêts qui ont pour but d'adoucir la furface du papier, il n'eft pas étonnant qu'elle le foit fi peu. Les Hollandois ne laiffent pas leurs papiers dans cet état d'imperfection; & c'eft fur le détail des manipulations particulières, qui ont pour but de compléter les apprêts de leurs papiers, que doit rouler principalement ce Mémoire.

Les

Les baguettes aplaties, tracées des deux côtés par la pâte engagée dans l'intervalle des fils de laiton , & qu'on peut fuivre à l'œil fur la furface du papier même apprêté, forment ce qu'on appelle *le grain du papier* , grain que les manipulations doivent adoucir, comme je l'ai déjà obfervé, fans le faire difparoître , grain qui fe détruit prefqu'entièrement fous la liffe ou fous le marteau. C'eft ce grain toujours reconnoiffable dans les papiers de Hollande les plus doux , qui a fervi à me prouver que les Hollandois ne les adouciffoient pas par le liffage & par le battage , mais par des manœuvres totalement inconnues dans nos fabriques.

Le grain du papier eft fouvent défiguré par les feutres lorfque ces étoffes, n'étant point garnies à leur furface d'un lainage abondant qui en doit couvrir exactement le tiffu intérieur , en laiffent les impreffions fur le papier. Si l'on couche les feuilles de papier deffus ces fortes d'étoffes peu garnies de laines , ou qu'on les foumette à la preffe au milieu de ces étoffes, elles prennent la trace de leur tiffu dans les endroits mal couverts , & ces nouvelles empreintes réunies à celles du grain , compofent une efpèce de furface chagrinée irrégulièrement. Pour prévenir ces inconvéniens, les Hollandois apportent à la fabrication de leurs feutres la plus grande attention ; ils forment la trame de ces étoffes avec des laines longues de Frife & de Nort-hollande , & ils ont foin d'ailleurs de les teindre dans une forte décoction d'écorce de chêne & d'aulne , qui contribue par fa ftipticité à coucher le lainage fur le tiffu, à le feutrer & à rendre ces étoffes beaucoup plus durables que les nôtres qui n'ont pas reçu ces préparations. Je publierai quelque jour le détail de ces préparations.

Le grain du papier fert à des yeux exercés à reconnoître la fineffe & l'égalité de la pâte, comme le tiffu dans les étoffes indique les qualités de la chaîne & de la trame.

B

Tous ceux qui font ufage du papier, ont pu apprécier les avantages de celui qui a fon grain adouci, fur un papier qui, l'ayant prefque perdu totalement fous la liffe ou fous le marteau, ne préfente qu'une furface unie, fur laquelle les mouvemens de la plume font incertains; d'un autre côté, ils ont fenti les obftacles qu'un grain trop gros, inégal, couvert de filamens mal couchés, oppofe à ces mouvemens. Pour montrer maintenant comment les Hollandois font parvenus par leurs procédés à communiquer au papier le degré d'apprêt le plus favorable à fes ufages fans détruire fon grain, je crois devoir m'attacher à décrire trois points principaux de leur travail, parce que la difcuffion de ces trois points fuffira pour donner une idée complète de leur méthode. Je parlerai donc 1.° de l'échange en porfes blanches; 2.° de la conftruction & de l'avantage de leurs étendoirs; 3.° de leur collage & de l'échange après le collage. J'indiquerai rapidement à chacun de ces articles tout ce qui concerne la pratique françoife, afin qu'on puiffe en faire la comparaifon.

ARTICLE PREMIER.

De l'échange en porfes blanches.

EN général les pâtes des plus beaux papiers de Hollande ne font pas fupérieures à celles qu'on emploie en France pour les papiers de la plus belle qualité; ainfi je n'ai pas trouvé une différence notable par rapport à la fineffe & à la blancheur entre les pâtes avec lefquelles les Hollandois fabriquent le *Pro patria*, le *grand* & le *petit Cornet*, la *Tellière*, le *papier aux Armes*, la *Couronne*, le *petit Lys* & le *Griffon*, & celles dont nous compofons les fortes correfpondantes en France. Comme la réputation bien méritée des premiers ne me paroît pas pouvoir être rapportée à cet article, ainfi qu'on l'avoit affuré fans aucune preuve, je ne crois pas devoir m'arrêter à difcuter ce qui concerne les matières premières du papier. Je fuppofe donc que le papier eft fabriqué, qu'il eft forti des mains des premiers ouvriers occupés à la cuve, qu'il a paffé fous la preffe avec les feutres, & fans les feutres en porfes blanches ; toute la fuite de ces manipulations eft affez la même en France comme en Hollande. Voici le point où j'ai commencé à trouver une différence remarquable dans la fabrication. Suivant la pratique conftante des manufactures françoifes, on tranfporte à l'étendoir le papier dès qu'il a paffé rapidement fous la preffe de la cuve. Dans cet état il conferve, comme je l'ai fait obferver, beaucoup d'inégalités & d'afpérités à fa furface ; & enfin il eft encore pénétré d'une très-grande quantité d'eau furabondante. Tous nos étendoirs en France font fort élevés & règnent ordinairement fur les autres bâtimens de la papeterie ; outre cela ils font ouverts de tous côtés ; on les ferme avec des planches mobiles qui laiffent beaucoup d'ouvertures par lefquelles l'air extérieur peut pénétrer très-aifément, & en affez grande quantité pour y porter une température prefque égale à celle qui règne au dehors, en forte que le papier étendu fur des cordes s'y trouve expofé à la chaleur ou au froid fans qu'on ait penfé à en ménager les effets. Quoique les particules de la pâte ne foient ni fortement adhérentes enfemble ni couchées exactement à la furface, ni rapprochées dans l'intérieur de l'étoffe du papier ; cependant cette étoffe en féchant par l'action d'une chaleur vive, acquiert une roideur & une dureté prefque inflexibles. Il réfulte de-là que dès le commencement des apprêts, la defficcation prompte & complète qu'éprouve le papier, donne aux afpérités & aux inégalités de fa furface une confiftance qui fait qu'elles réfiftent à toutes les manipulations qui les détruiroient par la fuite, en adouciffant cette furface & en affoupliffant l'intérieur de l'étoffe.

On fentira bien plus encore la conféquence de ces inconvéniens lorfqu'on aura fuivi le travail des Hollandois, & qu'on aura vu avec quelle adreffe & quelle attention ils ont fu éviter les défauts de notre pratique : voici quelle eft leur méthode. Un ouvrier (c'eft ordinairement celui qui a l'infpection de tous les travaux de la papeterie) prend le papier après qu'il a paffé deux fois fous la preffe de la cuve comme en France, le tranfporte dans une falle particulière qui eft féparée de la chambre de la cuve ; cette falle eft garnie de plufieurs preffes & d'une table peu large & fort longue, au milieu de laquelle eft une efpèce de pupitre incliné vers la fenêtre qui reçoit le jour. L'ouvrier arrange le papier nouvellement fabriqué, par piles qui contiennent huit ou dix porfes : chaque porfe eft diftinguée par un feutre. Il établit deux piles fous chacune des preffes ; lorfqu'une preffe eft garnie il la fait jouer fur les deux piles en ménageant d'abord la compreffion ; il revient à la preffe plufieurs fois pendant trois heures, & il exprime par cette action fucceffive l'eau furabondante qui fort des porfes blanches. Après que le papier a féjourné environ trois heures fous la preffe, le même ouvrier le retire par parties en diftribuant chacune des porfes le long de la table à la droite du pupitre ; enfuite il s'attache à la porfe la plus avancée, & la prenant par un des coins il foulève & baiffe fucceffivement la partie de la porfe qu'il peut faifir, & par ce mouvement il produit contre la furface de chacune des feuilles de papier un frottement réitéré qui, dans l'état de molleffe où elles fe trouvent, en adoucit aifément le grain & couche exactement tous les filamens & toutes les afpérités qui peuvent être détachées à leur furface. On conçoit aifément qu'il fait la même opération fur les autres coins, afin de produire

le même frottement dans toute l'étendue des feuilles de
la porfe. Ce travail fini, il place la porfe fur le pupitre,
& levant feuille-à-feuille il forme à côté fur fa gauche un
nouveau paquet, qui ne diffère de la première porfe qu'en
ce que les furfaces des feuilles qui fe touchoient, & qui
ont été frottées les unes contre les autres, correfpondent
à d'autres furfaces; en entre-mêlant ainfi les feuilles par
une diftribution différente, les furfaces de chaque feuille
font détachées de toutes les furfaces contiguës & font
expofées à d'autres furfaces, ce qui complète l'adouciffement de tout le grain lorfqu'on réitère le frottement après
le *relevage:* (a) c'eft la fuite de ces trois opérations le
preffage, le *frottement* & le *relevage*, totalement inconnues
dans nos fabriques, & que je rappellerai dans ce Mémoire,
fous le nom d'*échange*, qui conftitue proprement le fond de
la méthode Hollandoife, pour les apprêts de leurs papiers.

Après que l'ouvrier a fait paffer ainfi à l'*échange* toutes
les porfes d'une pile, il foumet les autres piles à la fuite
des mêmes manipulations, & les arrange de nouveau fous
les-preffes : à cette feconde preffée il ménage moins la
compreffion, mais il a foin de l'augmenter par des progrès
prefqu'infenfibles : au travail de la preffe fuccède celui du
frottement & du *relevage*, & ces trois opérations fe réitèrent
jufqu'à trois ou quatre fois, fuivant la forte du papier & la
qualité de la pâte; plus la pâte eft fine, moins il eft befoin
de frotter, de *relever* & de preffer. Pour les grandes fortes,
telles que le *Chapelet*, l'*Impérial*, le *grand Aigle*, il eft important de foigner beaucoup & long-temps le frottement qui

(a) J'appelle *relevage* l'action de lever feuille-à-feuille le papier d'une
porfe, pour former une autre porfe dont les feuilles aient un arrangement
différent : c'eft une partie très-effentielle de l'*échange*, & qui fait que les
furfaces des feuilles contiguës ne peuvent ni contracter ni conferver d'adhérence enfemble, fur-tout fi elles ont été frottées auparavant avec foin.

précède le *relevage*, parce que le grain de la pâte est plus gros, & que d'ailleurs pour l'usage du dessin, la surface de ces papiers doit être adoucie avec la plus grande attention.

J'observerai ici, 1.° que l'ouvrier en replaçant les porses sous la presse, a soin de mettre à la partie supérieure de la pile, les porses qui étoient au milieu, & de varier, autant qu'il est possible, d'une pressée à l'autre, la disposition des porses, afin que les effets soient uniformes dans toutes les parties des piles.

2.° Que cet ouvrier garnit avec attention les bordures des porses avec des bandes de feutre pour que la compression soit égale sur toute la masse des piles, car le milieu d'une pile de porses blanches étant toujours plus élevé que les bords, il est nécessaire pour mettre toutes les parties de la pile de niveau, d'avoir recours à des bandes de feutre qui suppléent à la moindre épaisseur des bordures ; sans cette précaution la compression n'agissant que sur le milieu, les feuilles de toute une pile encore humides, se casseroient dans cette partie & se partageroient par ce milieu. Un seul homme avec quatre à cinq presses, peut *échanger* tout le papier fabriqué dans deux cuves. Le travail de l'échange dure ordinairement deux jours entiers sur une quantité donnée de papier ; bien entendu qu'on soumet chaque jour à cette opération les porses qui s'y fabriquent, en distinguant seulement les parties de papier suivant les différens degrés d'apprêts qu'elles ont reçu & le temps qu'on a commencé à les leur donner.

Lorsque le papier a subi tous ces frottemens, toutes ces manipulations, toutes ces pressées, il est fort adouci à la surface, bien *feutré* & assoupli dans l'intérieur de l'étoffe ; enfin il a perdu une très-grande quantité de l'eau surabondante dont il étoit pénétré en sortant des opérations de la cuve.

J'entends par le *feutrage* du papier que produit l'échange, le rapprochement des fibres de la pâte dans le fens de l'épaiffeur des feuilles & leur adhérence entre elles: le papier ne fe feutre qu'à mefure que l'eau s'écoule; tant qu'elle eft interpofée entre les filamens, ils reftent écartés: ainfi le progrès du feutrage s'exécute en même raifon que l'écoulement de l'eau, & ces deux effets font produits par l'action de la preffe; les molécules d'eau abandonnant les particules de la pâte, celles-ci fe rapprochent & s'affaiffent l'une contre l'autre par la compreffion; on conçoit donc aifément pourquoi le papier qui a paffé par les épreuves de l'échange eft *feutré*. Par une raifon contraire, le papier de France féché rapidement dans l'état d'humidité furabondante, ne doit pas être *feutré*; cependant ce papier change de dimenfions par l'évaporation telle qu'elle a lieu dans nos étendoirs, & fe rétrécit d'environ un trente-deuxième, fur fa longueur & fa largeur; mais malgré cette retraite il s'en faut bien que les filamens de la pâte foient rapprochés autant qu'il eft poffible de le faire; il eft néceffaire d'employer une force extérieure qui faffe que les vides foient remplis à mefure qu'ils fe forment: les preffes, furtout lorfqu'elles agiffent fur le papier dans un état d'humidité, font très-propres à produire cet effet; faute d'avoir éprouvé cette compreffion infenfible des preffes, le papier de France a des pores plus ouverts & fe trouve compofé de filamens moins adhérens que le papier de Hollande; c'eft aux états différens où fe trouvent ces deux papiers, en conféquence des opérations de l'échange qu'on a fait fubir à l'un, & auxquelles l'autre n'a pas été foumis, que je crois devoir attribuer une grande partie de leurs qualités & de leurs défauts: je ferai dans la fuite de ce Mémoire l'application des principes que je viens d'établir ici, aux papiers de France & de Hollande, en difcutant ces qualités & ces défauts.

ARTICLE SECOND.

De la construction & de l'avantage des Étendoirs Hollandois.

J'AI déjà remarqué que la principale cause des aspérités qu'on trouve sur les papiers de France, venoit du desséchement subit qu'ils éprouvoient en passant tout-à-coup de la salle de la cuve à l'étendoir ouvert de tous côtés. Les Hollandois, après les manipulations de l'échange, qui en adoucissant la surface du papier lui font perdre une partie de l'eau surabondante, ont encore attention de ne le faire sécher que graduellement dans leurs étendoirs ; ce sont des galeries construites au rez-de-chaussée à côté des autres salles, fermées par des contre-vents & des jalousies qui joignent très-exactement, & qui laissent très-peu de passage à l'air extérieur: ces galeries sont couvertes par un toit de paille ou de planches, dont la réduction est fort élevée & occupe presque la moitié de toute la hauteur du bâtiment *(voyez la figure 3)*. Par le système de cette construction, ils sont parvenus à ménager la chaleur & l'évaporation autant qu'ils le jugent convenable, & autant que l'exige la température extérieure. J'ai traversé plusieurs de ces galeries, aux environs de Saardam & de Leyde, & j'y ai trouvé un air frais quoiqu'il fît fort chaud au dehors.

J'ai vu en Flandre une papeterie, où l'on n'avoit pas suivi d'abord dans la construction des étendoirs, les principes des Hollandois ; & quoique les autres manipulations y eussent été introduites par des ouvriers de cette nation, cependant le papier qu'on y fabriquoit, n'approchoit pas pour la douceur & la souplesse de l'étoffe. du papier de Hollande. Depuis qu'on y a construit un nouvel étendoir, sur le plan que je viens de décrire, le papier qui sort de

.cette

cette fabrique a acquis toutes les qualités qui lui manquoient
auparavant. Je ferai bientôt en état de citer des expériences
femblables faites en France, parce que plufieurs fabricans
fe font déterminés, d'après mes repréfentations, à conftruire
des étendoirs fur ces principes; & ils s'y font déterminés
d'autant plus facilement qu'ils favoient par expérience,
que le papier féché dans une faifon où la chaleur eft
modérée, étoit plus doux & plus moelleux que celui qui
avoit féché pendant les vives chaleurs de l'été.

Les Hollandois avec la reffource de leurs étendoirs, où
ils ménagent l'effet de la chaleur extérieure, ont foin non-
feulement que leur papier sèche doucement, mais encore
qu'il ne sèche pas à un certain degré: ils le recueillent
lorfqu'il conferve encore quelque humidité qui lui laiffe
toute fa foupleffe. J'ai fouvent manié du papier de Hollande,
lorfqu'on le tiroit de l'étendoir avant la colle; fa furface
me paroiffoit très-unie, fon grain bien adouci, & l'étoffe,
quoique feutrée, avoit de la foupleffe & toujours un refte
d'humidité. Après le détail des opérations & des précautions que je viens de décrire, on fent aifément la raifon
de ces bons effets. Mais il eft encore d'autres avantages
qui en réfultent. Je crois devoir montrer ici en particulier
comment ces procédés contribuent à préferver le papier
de Hollande des plis & des rides, & pourquoi ils font fi
communs fur les papiers de France.

On étend, comme on fait, dans nos fabriques de France
le papier en pages, c'eft-à-dire qu'on place fur les cordes
des paquets de huit ou dix feuilles de papier humides, appliquées l'une contre l'autre, pour les faire fécher. Comme
on n'a pas l'attention de ménager la defficcation, les premières feuilles expofées au courant d'air commencent à
perdre leur humidité par les extrémités d'abord, pendant
que la defficcation n'eft pas parvenue jufqu'au centre; les

C

autres feuilles recouvertes par ces premières, confervent donc la plus grande partie de leur humidité dans le milieu & fur-tout celles qui touchent aux cordes : les premières feuilles ayant féché rapidement, changent néceffairement de dimenfions, en éprouvant une retraite d'environ un trente-deuxième, & comme elles reftent adhérentes aux autres encore humides & plus longues, elles y occafionnent des plis, qui font le réfultat de la différence des dimenfions d'une feuille sèche & d'une feuille humide. La feuille sèche affujettit la feuille humide à fes dimenfions, avant que celle-ci y ait été réduite par la defficcation. En fuivant la marche fimple de ces effets, on découvre non-feulement la caufe des plis & des rides, mais encore la raifon pour laquelle ces plis & ces rides affectent prefque toujours le milieu d'une feuille de papier.

Les plis & les rides ont encore une autre caufe, combinée avec les mêmes circonftances. Nos étendoirs font garnis de cordes de chanvre qui boivent d'abord l'humidité du papier & qui la lui rendent à mefure qu'il sèche ; les feuilles des pages font humides en conféquence pendant long-temps dans toute la ligne qui touche aux cordes, & elles y confervent une extenfion plus grande que dans les autres parties de leur furface, & beaucoup plus grande que celle des feuilles fupérieures qui font expofées à l'air libre. L'effet de cette extenfion eft de forcer les dimenfions des feuilles inférieures dans ces parties humides ; & comme elles adhèrent par les extrémités à d'autres feuilles fupérieures plus courtes & sèches, cet excès dans le milieu eft occupé par des plis & par des rides, qui ne fe détruifent plus dès qu'ils font formés, quoique la defficcation parfaite vienne à la fuite.

On étend en pages dans les fabriques Hollandoifes, cependant on ne voit point de plis ni de rides fur leur papier au fortir de l'étendoir : j'indiquerai ici trois raifons principales qui contribuent à préferver ce papier de cet accident.

La première eft que les Hollandois font les pages beaucoup moins épaiffes que les nôtres.

La feconde eft que les feuilles des porfes blanches ayant été frottées & adoucies les unes contre les autres lors de l'échange, leur furface eft fort unie & très-peu humide quand on les porte à l'étendoir ; en forte que par le progrès de la defficcation, elles acquièrent très-peu d'adhérence enfemble ; par conféquent elles peuvent changer de dimenfions à mefure qu'elles sèchent, en fe détachant les unes des autres. D'ailleurs, comme elles ont perdu une certaine quantité d'eau dans l'échange, elles n'éprouvent pas une fi grande retraite pour parvenir à l'état de defficcation ; la différence entre leurs dimenfions lorfqu'on les étend & lorfqu'on les retire de l'étendoir, eft beaucoup moindre que celle des dimenfions de nos papiers dans ces deux circonftances ; car ils font plus humides lorfqu'on les étend, & plus fecs lorfqu'on en fait la cueillette.

La troifième raifon eft que les étendoirs Hollandois font garnis de cordes de rotin, qui ont fix à fept lignes de diamètre, & qui n'abforbent pas l'humidité du papier : elle ne féjourne donc pas autant le long de la ligne où le papier touche à la corde & n'y produit pas des extenfions forcées, & des plis qui en font la fuite.

Au furplus la groffeur de la corde n'eft pas une circonftance indifférente. Dans nos moulins on ne voit guère que de petites cordes, & lorfqu'on étend en pages on en place deux ou trois fous les pages : en multipliant par-là les points de contacts, on multiplie les rides & les plis. Les groffes cordes au contraire, entr'ouvrant les pages, facilitent la circulation de l'air par-deffous, ce qui produit une defficcation plus uniforme dans toutes les parties de ces pages.

C ij

C'eſt à ces attentions qu'on doit attribuer en partie ces dos bien arrondis qu'on trouve aux mains de papier de Hollande lorſqu'on en déballe les rames.

ARTICLE TROISIÈME.

Du Collage.

Lorsqu'on veut coller le papier, on fait dans nos moulins la cueillette des pages ſans s'embarraſſer beaucoup du degré de ſéchereſſe qu'elles ont acquiſe. Cependant la plupart de nos fabricans m'ont aſſuré qu'ils ſavoient par expérience que, lorſque les pages avoient trop ſéché, elles prenoient moins bien la colle; & que la colle s'imbiboit plus abondamment & ſe diſtribuoit plus également dans le papier où il reſtoit encore une légère humidité. Mais la conſtruction de leurs étendoirs ne leur permettant pas de profiter de cette obſervation importante, ils n'en tiennent aucun compte dans la pratique. Un autre déſavantage de cette parfaite deſſiccation des pages, c'eſt qu'elles forment dans cet état des eſpèces de cartons fort durs qu'on ne peut aſſouplir pour les diſpoſer à boire la colle; cette dureté eſt, comme nous l'avons vu, l'effet de la rapidité avec laquelle les feuilles de papier, encore très-humides, ont été ſaiſies par l'action d'une chaleur vive & pénétrante; il n'eſt donc pas étonnant qu'en trempant dans la colle un paquet compoſé de ces pages, la colle ne les pénètre que très-difficilement & très-inégalement.

Je me ſuis aſſuré par des expériences, de la manière inégale dont la colle s'inſinue dans des pages auſſi compactes. J'avois coloré la colle pour d'autres vues, & y ayant plongé des paquets de pages fort épais & très-ſecs, comme ils le font ordinairement, je m'aperçus après le collage, à meſure que la jeteuſe détachoit les feuilles pour

les étendre, que l'intérieur des pages n'avoit pas pris la
couleur, ou que du moins la teinte n'y étoit pas ùnie. Je
mis à part quelques-unes de ces feuilles qui me préfen-
tèrent ces défectuofités; & après qu'elles eurent féché,
je reconnus que les parties où la couleur n'avoit pas
pénétré, n'étoient point collées, qu'elles abforboient la
falive, pendant que les parties colorées ne s'en laiffoient
pas humecter. Cette expérience me prouva d'une manière
inconteftable, combien les pages dures, trop épaiffes &
trop sèches, s'oppofoient en général au fuccès de la colle,
& fur-tout à la diftribution uniforme des parties collantes
dans toute l'étendue des feuilles.

Après que les porfes font collées, nous les portons à
l'étendoir, & l'on a pour principe de les étendre toutes
chaudes de colle; le papier diftribué par les étendeufes
feuille-à-feuille fur les cordes, sèche très-rapidement, &
perd par la circonftance d'une évaporation auffi peu
ménagée, une grande partie de la colle qui l'àvoit pénétré
dans l'intérieur, & qui le verniffoit à fa furface. Quoique
l'étendoir foit fermé pour lors, comme il reçoit la température extérieure par les ouvertures multipliées, qui font
diftribuées de toutes parts, la colle ou s'évapore ou coule
à terre en ruiffelant par des filets fenfibles, ou forme des
taches femblables à celles que l'huile produit fur le
papier.

On a cru éviter ces inconvéniens en introduifant l'ufage
de coller de grand matin, & d'y occuper tous les ouvriers
pour prévenir le coup de la chaleur; on choifit d'ailleurs un
temps doux, peu chaud, & où il ne règne pas un vent
trop defféchant : mais il s'en faut beaucoup qu'on foit
parvenu, avec ces précautions, à éviter tous les accidens. 1.° Parce qu'il refte encore beaucoup de papier
ou à coller ou à étendre lorfque la chaleur fe fait fentir;

2.° parce que souvent le temps qui annonçoit une température douce, se décide à l'orage lorsque la colle est cuite,
& trompe tous les arrangemens du Fabricant. On obvieroit
à tout en changeant la construction des étendoirs qui sont
le principe de tout le mal, & en adoptant la construction
des Hollandois avec laquelle on n'a rien à redouter de
la chaleur extérieure.

Je puis citer ici une expérience qui prouve combien
l'étendoir construit sur de mauvais principes, nuit au succès
de la colle. Je pesai trois cents quatre-vingts livres de
papier en pages & bien sèches; je m'assurai que cette
quantité de papier avoit bu quarante livres de parties muci-
lagineuses propres à coller, sans y comprendre l'eau:
c'est la dose la plus petite; après que le papier eut été
séché, il ne pesoit que vingt-cinq livres de plus. Par con-
séquent, l'évaporation avoit emporté à peu-près les deux
cinquièmes de toute la substance collante, & cependant
cette évaporation fut ménagée autant qu'il fut possible de
le faire dans nos étendoirs par une saison de température
moyenne. Il est clair que cette évaporation de la colle
n'est pas une perte nécessaire, & qu'elle est dûe à la
mauvaise construction des bâtimens de l'étendoir. Cet
effet de l'évaporation est tel, qu'en doublant la dose
ordinaire de la colle, (qui est de cinquante livres pour
trois cents livres de papier) on ne parvient pas à mieux
coller lorsque le temps n'est pas favorable. Ainsi ce n'est
pas l'épargne de la colle qui fait qu'en général nos papiers
sont peu collés & inégalement collés. Les Hollandois ne
forcent pas la dose de leur colle, & malgré cela leurs
papiers sont très-bien collés.

Je joindrai ici à cette première expérience, le détail des
essais faits en 1768 au moulin de Montbron proche An-
goulême, & dont les résultats établissent d'une manière

incontestable, de quelle importance est la construction de l'étendoir pour le succès de la colle. J'avois fait fabriquer en Hollande du *grand Cornet* d'une pâte fine, & je l'avois demandé sans colle. Je choisis, pour le coller, un temps critique, fort chaud & orageux; je laissai faire la colle à l'ordinaire. Mon objet principal dans ces expériences étoit de comparer les effets de la colle préparée aussi négligemment qu'on le fait en Angoumois, sur du papier de Hollande & sur du papier fabriqué à Montbron avec une pâte aussi fine & triturée par les cylindres; & sur-tout de comparer ces effets sur ces deux sortes de papiers en exposant l'un & l'autre en partie dans l'étendoir ordinaire, & en partie dans un étendoir que j'avois fait pratiquer dans un endroit frais, bien fermé, qui ne participoit que très-difficilement à la température du dehors quoiqu'il y eût un courant d'air.

Je fis coller quatorze mains de papier de Hollande : j'en fis étendre six mains dans l'étendoir de Montbron, & parmi le papier fabriqué à Montbron : après une dessiccation très-prompte, le papier de Hollande parut assez bien collé, il ne se laissoit pas pénétrer par la salive, mais il étoit roide & sonnant : celui de Montbron se laissoit percer par la salive qui traversoit d'une face à l'autre sans obstacle.

Je partageai ensuite ce qui me restoit de papier de Hollande collé en deux portions : j'en fis étendre quatre mains, toutes chaudes de colle dans le lieu préparé pour faire la comparaison de l'étendoir ordinaire, les quatre autres n'y furent étendues qu'après qu'elles eurent été gardées dans un endroit frais pour y boire leur colle & s'y refroidir. Je fis distribuer en même temps sur les cordes de cette salle basse une quantité à peu-près égale de papier fabriqué à Montbron.

Les deux derniers lots du papier de Hollande furent beaucoup mieux collés que celui qui avoit été expofé à l'étendoir ordinaire, & l'étoffe y conferva fa foupleffe. De même le papier de Montbron, qui n'étoit point collé dans l'étendoir ordinaire, le fut affez bien dans la falle baffe, quoique plus foiblement que celui de Hollande.

D'après ces faits conftans, je conclus 1.° que les étendoirs bien fermés où l'on peut modérer l'effet de la chaleur, fervent en tout temps & à toute heure au collage tant des papiers fabriqués en Hollande, que de ceux fabriqués en France : 2.° Que le papier fabriqué en Hollande n'éprouve pas dans la portion de colle dont il eft pénétré, une évaporation auffi abondante que celui fabriqué en France. Je crois être autorifé à dire que la caufe de cette différence eft le *feutrage* de l'échange qui rapproche les fibres élémentaires du papier, les rend plus propres à boire la colle & à la conferver en plus grande quantité que ne peut faire le papier dont les pores font plus ouverts. Je dois faire obferver que le papier de Hollande, étendu foit chaud de colle, foit après que la colle fut refroidie, fe caffa beaucoup moins entre les mains de la jeteufe que le papier de Montbron : cet effet eft encore une fuite du feutrage produit par l'échange.

J'ai remarqué de même dans plufieurs moulins Hollandois ; que les ouvriers colleurs laiffoient les paquets des pages tremper très-long-temps dans la colle, fans que le papier fe caffât : or il eft vifible qu'il doit cet avantage au feutrage qui en a rapproché les fibres ; au contraire avec nos papiers il faut avoir les plus grandes attentions pour éviter les *caffés* qui fe multiplient d'autant plus qu'on veut foigner davantage le collage. Cet inconvénient eft produit par le peu d'adhérence que les fibres élémentaires de la pâte de nos papiers ont contractée enfemble, & fur-tout

par

par la dureté & la compacité de nos pages qui ne ſe laiſſent pénétrer que très-difficilement par la colle. Lorſqu'on trempe un paquet de pages compactes dans la colle, & qu'elle s'y inſinue lentement, il y a un inſtant remarquable où certaines parties bien humectées ont changé de dimenſions, & ſe ſont renflées préciſément à côté d'autres parties encore sèches. Si dans cet inſtant il ſe fait par le colleur un mouvement irrégulier, les parties sèches ſe détachent des parties mouillées; & le *caſſé* ſe multiplie par l'attention même du colleur.

On a dû entrevoir déjà par les détails qui précèdent, quelles ſont les circonſtances qui aſſurent aux Hollandois le ſuccès de leur collage; la ſuite de tous les procédés qui reſtent à décrire, achevera de fixer les idées ſur cet objet important.

Après qu'on a fait la cueillette des pages dans les moulins Hollandois, les ouvriers appliqués au collage s'occupent à les battre, à les aſſouplir en les pliant dans tous les ſens, de telle ſorte qu'ils parviennent à détacher preſque toutes les feuilles les unes des autres; le papier n'étant pas entièrement ſec, ſe prête très-facilement à toutes ces manipulations qui le diſpoſent à boire la colle plus abondamment & ſur-tout également.

Dans la préparation de la colle je n'ai rien obſervé de particulier. Les Hollandois emploient comme nous des retailles de tanneries & de mégiſſeries qu'ils font cuire de même. Ils ne font point uſage, comme on me l'avoit tant aſſûré, de colle de Flandre & d'Angleterre qu'on prétendoit préparée pour cet effet. Mais ils diffèrent de notre procédé, en ce qu'ils tranſvaſent leur colle après que les tripes & les matières les plus groſſières ſe ſont précipitées au fond de la chaudière où ſe fait la cuite: ils la mettent repoſer & refroidir dans un cuvier de bois ou dans une baſſine

de cuivre fort larges & peu profonds. A mefure que la
colle fe refroidit elle dépofe fur le fond des vaiffeaux un
fédiment de matières qui nuiroient à fa tranfparence & qui
communiqueroient un ton jaunâtre au papier. Ils verfent enfuite cette colle purifiée & dépurée dans une chaudière où
on la fait réchauffer au degré convenable. Cette pratique eft
abfolument oppofée à toutes les idées des meilleurs fabricans de France, qui prétendent que de faire réchauffer la
colle, c'eft l'affoiblir au point qu'elle ne peut plus coller;
& c'eft par la fuite de ces mauvais principes qu'on ne
tranfvafe prefque point la colle, qu'on la laiffe fur les
tripes & qu'on l'emploie encore chargée de matières étrangères qui terniffent confidérablement le blanc naturel de
nos plus belles pâtes. La méthode conftante des Hollandois
& leur fuccès, démontrent que nous pourrions laiffer
prendre à la colle fa tranfparence par un refroidiffement
infenfible fans rifquer de l'affoiblir beaucoup.

Après que le papier eft collé on le foumet, dans quelques
moulins feulement, aux opérations de l'échange; ce qui
achève de coucher les petits filamens de la pâte qui pour-
roient s'être foulevés à la furface des feuilles. Au moyen
de ces opérations on donne à la colle le temps de pénétrer
dans le papier avant que d'être expofée à l'évaporation de
l'étendoir. J'ai vu fouvent en Hollande & en Flandre,
qu'au milieu des manipulations du frottement & du *relevage*,
la furface du papier s'adouciffoit & fe *glaçoit* d'une
manière très-fenfible à mefure que le vernis de la colle
s'y fixoit par un refroidiffement lent, & qu'enfuite la preffe
perfectionnoit ces bons effets.

Lorfque le papier collé & échangé a féjourné fous la
preffe cinq ou fix heures, on le porte à l'étendoir conftruit
& fermé comme je l'ai indiqué ci-deffus. Quoique les
Hollandois paroiffent préférer le matin pour l'opération

de la colle, ils ne redoutent pas la grande chaleur du jour
ni même le temps d'orage; & la conſtruction de leurs
étendoirs les met à couvert de tous les accidens occa-
ſionnés par la grande chaleur du dehors. En général dans
un moulin à deux cuves les ouvriers chargés du collage,
ſont concentrés toute l'année dans ce travail. D'après
ce plan & cette diſtribution des travaux, on ne tire
pas les ouvriers de la cuve de leurs occupations ordinaires pour les appliquer aux détails de la colle. Le
ſyſtème contraire occaſionne en France une grande perte
de temps & un déſavantage pour le courant de la vente
des papiers. Quant à l'échange, il n'y a pas de doute
qu'il ne puiſſe bien faire après la colle; on s'en diſpenſe
cependant dans un grand nombre de moulins Hollandois,
ſur-tout lorſque le premier a été bien ſoigné. En France,
où l'on ne paroît pas auſſi occupé d'adoucir la ſurface du
papier, c'eſt ſur-tout après la colle que j'ai obſervé un plus
grand nombre d'aſpérités; lorſque la jeteuſe lance ſur le
ferlet les feuilles imbibées de colle qui ſe détachent avec
peine les unes des autres, à cauſe de la grande adhérence
qu'elles avoient contractée dans l'état de *pages,* on voit,
en ſe plaçant de manière qu'on ſoit oppoſé au jour, qu'elles
ſont preſque toutes hériſſées d'une infinité de petits poils,
que la colle & l'effort bruſqué de la jeteuſe, contribuent
à faire lever dans toute l'étendue de leur ſurface. Ces
feuilles étant diſtribuées ſur les cordes de l'étendoir où
elles ſèchent rapidement & intimément, conſervent ces
poils qui ne ſe couchent que très-imparfaitement enſuite
ſous la preſſe de la ſalle; car on ſoumet à cette preſſe le
papier dans un état de ſéchereſſe ſi complète, que les
poils ne peuvent plus rentrer dans le fond de l'étoffe
très-roide & très-dure. Cette nouvelle circonſtance prouve
encore combien nous ſommes inférieurs aux fabricans

Hollandois, pour l'attention foutenue & la fuite raifonnée des manœuvres. Ils ont grand foin, par exemple, de faire la cueillette de leur papier avant qu'il foit entièrement fec, & de le placer encore un peu humide fous la preffe de la falle; il eft pour lors fufceptible de tous les bons effets de cette forte preffe, qui achève en cinq ou fix heures de fixer fon état, en perfectionnant ce beau glacé qu'il a déjà reçu de l'échange, qui fait le luftre naturel du papier Hollandois & qui en affure le débit.

Je ne puis m'empêcher de remarquer à cette occafion, combien il a fallu de fagacité pour imaginer & adopter toutes ces adreffes, qui ne peuvent partir que de vues fort fines, & qui font le fruit d'une Phyfique ingénieufe & attentive aux plus petits détails.

CONSÉQUENCES DE CES PROCÉDÉS.

APRÈS avoir expofé les principales manipulations, dont les Hollandois font ufage dans la fabrication & dans la préparation de leurs papiers, & avoir indiqué les raifons phyfiques des réfultats, il me refte à déduire de l'enfemble des procédés, quelques principes qui en découlent naturellement, & qui foient capables d'éclairer la pratique de nos ouvriers.

Le premier principe que je déduis de cet expofé, eft que le papier doit fécher lentement, & ne jamais atteindre le dernier degré de féchereffe, foit avant, foit après la colle, & tant qu'il n'a pas reçu tous fes apprêts. On a pu fe convaincre par le détail qui précède, que le papier n'eft bien fufceptible de tous les apprêts qu'on lui donne, qu'autant qu'il lui refte encore un peu d'humidité. Dès qu'il a acquis une entière defficcation, il prend une confiftance & une roideur qui rend les opérations fubféquentes ou incomplètes ou inutiles. Il fuit de-là que la conftruction d'un étendoir où l'on puiffe ménager la defficcation du papier eft le feul moyen de remplir cette première vue générale de bonne fabrication.

Le fecond principe eft que le papier de Hollande doit être confidéré comme une étoffe qui a reçu tous fes apprêts, au lieu que le papier de France eft dans le cas d'une étoffe qui n'a pas reçu un grand nombre de fes apprêts, & qui en a reçu d'autres très-imparfaitement. En conféquence, le papier de Hollande, confidéré comme une étoffe deftinée à l'écriture, eft plus parfait que le papier de France. La furface de l'étoffe eft plus adoucie; l'intérieur en eft plus affoupli; les particules de la matière, qui entrent dans fa compofition, font plus rapprochées & plus liées entr'elles. En général, c'eft une étoffe bien *feutrée* & bien unie à fa furface.

Il réfulte, il eft vrai, de cet état de perfection, des inconvéniens affez confidérables, fur lefquels je crois devoir infifter un peu. 1.° Le défaut qu'on reproche le plus communément au papier de Hollande, eft celui qu'il a de fe couper dans les plis dès qu'on l'expofe à quelque frottement réitéré; il eft vifible que c'eft au feutrage ou au rapprochement des parties élémentaires du papier qu'on doit attribuer cet inconvénient. Il eft aifé d'en faire fentir la raifon. Lorfqu'on plie une feuille de papier, & qu'on appuie fur les plis, il eft évident qu'il fe fait pour lors fur les parties de l'étoffe du papier, un double effort. Le premier tend à refferrer les parties de l'intérieur du plis, & à les rapprocher en diminuant l'épaiffeur de l'étoffe. Le fecond effort tend à produire une extenfion dans le fens de la furface du papier, le long du dos du plis. Le premier effort eft combiné avec le fecond de telle forte, que fi les fibres de l'intérieur du plis cèdent, l'extenfion qui a lieu fur le dos du plis, eſt moins forcée. Mais ſi ces fibres ne peuvent plus ſe rapprocher dans le ſens de l'épaiſſeur, ou cèdent difficilement & ne ſe compriment preſque point, alors celles de l'extérieur du plis, font un effort d'autant plus grand pour prendre toute l'extenſion que la courbure du plis exige; dès-lors un frottement réitéré ſur cette courbure, produit la déſunion des parties de l'étoffe du papier, compoſé d'ailleurs de fibres très-courtes. Or le papier de Hollande étant feutré par les procédés de l'échange, il eſt clair qu'il ne peut céder que très-peu dans le ſens de ſon épaiſſeur; il faut donc que tout s'entr'ouvre & ſe coupe ſur le dos du papier compoſé de fibres courtes triturées par les cylindres; car on doit conſidérer que la pâte triturée dans les cylindres eſt beaucoup plus courte que celle qui ſort des piles & qui a été broyée par les maillets. En conſéquence, le papier fabriqué avec la première pâte, quand même il n'auroit pas été ſoumis à l'échange, doit être plus caſſant que celui compoſé de la ſeconde : on conçoit que des fibres courtes, lorſqu'elles ſont expoſées à un certain effort, ſe déſuniſſent plus aiſément que les fibres longues, l'union de celles-ci eſt plus conſidérable, parce qu'elles adhèrent par plus de points.

Les faits confirment cette explication; qu'on plie du papier de France & du papier de Hollande de la même épaiſſeur, on verra la ligne de l'intérieur du plis, tracée en creux ſur le papier de France, au lieu qu'on ne remarquera aucun veſtige ſemblable ſur le papier de Hollande.

2.° Ce tiſſu plus ſerré, ce feutrage plus complet de l'étoffe du papier de Hollande, préſente auſſi un obſtacle à l'impreſſion parfaite des caractères & des tailles de la gravure, tandis que le papier de France étant d'une pâte plus ouverte, cède facilement à l'effort de la preſſe d'imprimerie & du Taille-doucier, & rend avec préciſion les moindres traits: le papier de Hollande fatigue tellement les caractères d'imprimerie, que les Hollandois font réduits à faire ufage du papier de France dans les entreprifes typographiques un peu confidérables. Il prend auffi très-foiblement l'empreinte des tailles de la gravure; car le lit de la preffe y eft bien moins profond que fur nos belles fortes d'Auvergne & du Vivarais. J'obferverai à cette occafion, que l'action réitérée & infenfible de la preffe lors de l'échange, produit un rapprochement bien plus confidérable & bien plus complet dans les fibres de la pâte du papier, que ne peuvent le faire les coups redoublés d'un pefant marteau ou l'effort de la liffe. Car les grandes fortes d'Auvergne, qui fervent à l'impreffion des cartes de Géographie & des eftampes, paffent à plufieurs reprifes fous le marteau, & après cette épreuve, elles n'en font pas moins propres à recevoir l'empreinte des planches gravées.

Comme je n'ai point diffimulé les inconvéniens du feutrage, je ne dois pas taire les avantages qui peuvent en réfulter. 1.° Le papier feutré boit mieux la colle que le papier qui ne l'eft pas. 2.° Il fe caffe beaucoup moins dans la fuite des préparations qu'il doit fubir; ce qui eft fort important, fur-tout pour les fortes peu étoffées, telles que le *grand* & le *petit Cornet*, le *Cardinal*, les *trois O de Gènes*, &c. qui font d'une grande confommation. 3.° Le papier feutré fe déchire bien plus difficilement, ce qui en bien des cas eft un avantage ineftimable; je puis citer ici la fabrication des papiers tontiffes, des papiers peints, des papiers marbrés. Enfin le papier d'écriture feutré eft plus durable, lorfqu'il n'a pas à craindre les frottemens réitérés qui le coupent dans les plis.

Le troifième principe, eft qu'il faut éviter le feutrage & par conféquent fupprimer toutes les manipulations qui l'opèrent, quand on voudra fabriquer du papier d'impreffion. La connoiffance des effets de l'échange, & fur-tout de ceux de la preffe, nous met en état d'apprécier au jufte la caufe de notre fupériorité en ce genre, fur le travail des Hollandois; nous voyons par la comparaifon de nos papiers avec les leurs, relativement à l'impreffion, que c'eft plutôt à la négligence, qu'à des manœuvres réfléchies, que nous devons l'avantage de fournir aux Nations étrangères la plus grande partie du papier qu'elles emploient dans leurs impreffions. Mais cette même comparaifon nous conduit à conclure auffi qu'il s'en faut beaucoup que ce papier d'impreffion qui fort de nos fabriques foit fans défaut. On lui reproche avec fondement de n'être que très-foiblement collé, enfin d'être plein d'afpérités & de rides à fa furface. Si l'on peut obtenir l'adouciffement de cette furface, l'exemption des rides, & un bon collage fans toucher à l'état de l'étoffe, fans la feutrer comme les Hollandois, on pourra lui procurer toutes les qualités qui lui manquent, fans lui enlever celles qu'il a : or c'eft ce qu'il eft facile d'obtenir dès qu'on peut circonfcrire les effets des différens procédés, comme je crois l'avoir fait dans ce Mémoire.

Le quatrième principe, eft que le papier bien fabriqué doit avoir fon grain : toutes les préparations ayant feulement pour but de l'adoucir, fans le faire difparoître. Ainfi la liffe & le marteau détruifant le grain du papier, lui enlèvent une perfection qui me paroît effentielle : le liffage eft la reffource d'une fabrication incomplète & ne peut fuppléer aux effets d'une bonne préparation, telle qu'elle eft établie dans les ateliers de Hollande. Si l'on jette un coup d'œil fur quelques ufages du papier, on voit que fon grain eft très-utile. Il fert, par exemple, à ébranler le bec de la plume, & à faire couler l'encre : il en modère les mou-vemens en les rendant plus affurés & moins incertains. Les
deffinateurs

deſſinateurs en même temps qu'ils choiſiſſent un papier
dont le grain ſoit adouci, ont attention qu'il ſoit régulière-
ment conſervé: ce grain arrête & fixe les parties colorantes
du crayon ſuivant que les deſſinateurs appuient plus ou
moins. Le grain fait dans ce cas l'office d'une lime douce
ou d'une rape qui uſe la pointe du crayon, comme il
convient à l'effet du deſſin : ſans lui il ne reſte preſque
rien ſur le papier que de mat & d'irrégulier.

Un des grands déſavantages du liſſage, eſt d'enlever au
papier une partie de ſa colle & de rendre ſa ſurface d'un
luiſant terne, à moins qu'on n'y ajoute enſuite un nouveau
vernis, comme le pratique M. Baskerville en Angleterre.

Il n'y a proprement que les Hollandois qui n'adou-
ciſſent point leur papier par le ſecours du marteau ou de
la liſſe. En Italie, on eſt dans l'uſage de battre le papier
avec un marteau que fait mouvoir la roue des maillets;
auſſi le papier d'Italie eſt-il liſſé à un point, qu'il eſt
très-peu commode pour l'écriture. A Thiers & dans le
Vivarais, on liſſe le papier, & je ſais par moi-même que
ces préparations, quoiqu'imparfaites, ſont très-coûteuſes,
& occaſionnent beaucoup de caſſé. En Angoumois, on a
abandonné la pratique du liſſage, par la conſidération de
ſes inconvéniens.

Maintenant que nous avons expoſé l'enſemble de toutes
les manipulations hollandoiſes, diſcuté leurs avantages &
leurs inconvéniens, indiqué les cauſes des qualités & des
défauts du papier de Hollande, il ne nous reſte plus qu'à
parler des précautions avec leſquelles on peut introduire
la réforme dans nos fabriques.

On doit être convaincu, par ce que nous avons dit,
combien il eſt avantageux d'adoucir le grain du papier,
& de coller ſuffiſamment & également : on connoît même
les procédés qui procurent ces qualités au papier; mais,

E

comme elles font voifines de certains défauts, il eft très-important de n'adopter ces procédés qu'avec des modifications, fur lefquelles on ne peut être bien décidé que par une fuite d'expériences où l'on aura varié les manipulations, fuivant les différens ufages auxquels on deftine le papier. Il faut bien fe garder, par exemple, de foumettre à la preffe de l'échange un papier deftiné à l'impreffion, &c.

Je me propofe de fuivre ce plan de travail avec d'autant plus de foin que M. Trudaine en a fenti l'importance, & qu'il a bien voulu le prendre fous fa protection. Les réfultats de ces expériences nous apprendront les vrais moyens d'adapter au train ordinaire de nos manufactures, les pratiques propres à produire tel ou tel réfultat, fans augmenter beaucoup le prix de la main-d'œuvre & fans déranger la fuite des travaux journaliers. Car c'eft d'après ce point de vue qu'il faut apprécier toutes les réformes qu'on veut introduire dans les manufactures.

Depuis quelques années, des ouvriers Flamands inftruits des procédés de l'échange dont les fabriques de Bruxelles & de Gand font ufage, fe font répandus dans quelques-uns de nos moulins : ils ont prétendu les ajouter à toutes nos opérations, fans autre réforme préliminaire : ils ont tenté en conféquence de *relaver* le papier tout fabriqué & collé, dans une diffolution de gomme adragant & d'alun, mêlée à la colle ordinaire. Au fortir de cette préparation, ils l'ont foumis à la preffe & l'ont enfuite *relevé* feuille à feuille : mais ces opérations font auffi mal entendues que mal appliquées ; 1.° parce que la furface du papier qui a reçu toutes fes préparations, ne s'adoucit que très-inégalement ; 2.° parce qu'il fe caffe près du tiers du papier qu'on confacre à cette épreuve ; 3.° parce que les frais qu'elle occafionne font plus confidérables que ne peut être l'augmentation du prix de la vente.

Il est néceffaire qu'il y ait entre tous les travaux d'une manufacture une correspondance raisonnée qui économife le temps & les manipulations. Les procédés qui précèdent doivent avoir un rapport intime avec ceux qui fuivent, & en compléter les effets fans les détruire. D'après ces principes, le *relavage* ne peut être admis dans nos fabriques que comme un hors-d'œuvre & un double emploi. S'il eft prefqu'impoffible de faire perdre au papier fabriqué fa dureté & fes afpérités, on fent qu'il eft très-important de faifir les inftans favorables où l'on doit lui donner les apprêts qui préviennent ces défauts. Ceux qui prétendent les réparer par des opérations hafardeufes qui multiplient inutilement la main-d'œuvre, s'écartent du plan d'une fabrication raisonnée & économique. La méthode Hollandoife, que je viens de décrire, par le moyen de petits procédés intercalés adroitement entre nos opérations ordinaires, nous met en état de nous paffer du *relavage,* en produifant un effet plus fûr, plus complet & moins coûteux. On tomberoit dans un autre inconvénient, fi l'on adoptoit la pratique de l'échange fans avoir l'attention de réformer les étendoirs; on n'obtiendroit que des réfultats très-incomplets : l'étoffe du papier, quoiqu'adoucie à la furface, conferveroit encore dans fon intérieur beaucoup de roideur & de dureté : c'eft pour faciliter les moyens d'exécuter cette réforme que j'ai joint à ce Mémoire le plan d'un étendoir qui vient d'être conftruit dans ces vues : *voyez les figures, à la fin de ce Mémoire.*

Je ne puis finir ce Mémoire fans faire mention du défaut qu'a le papier de Hollande, d'empâter le bec de la plume, lorfqu'on écrit un certain temps avec la même plume, & fans indiquer la caufe de ce défaut. Cela me donnera occafion de faire connoître en même temps la méthode que les Hollandois fuivent & la matière qu'ils emploient pour azurer leur papier.

Les Hollandois pour communiquer une légère teinte
de bleu à leur papier, emploient le bleu d'émail uni à
l'amidon ; ils préparent ce bleu, en faisant fermenter dans
des tonneaux la substance farineuse avec l'émail réduit en
poudre ; elle prend pendant cette fermentation une couleur
uniforme dont la nuance est proportionnée à la quantité
d'émail qu'on y a mêlé. C'est par ce moyen que les Hollandois sont parvenus à composer les nuances du bleu
d'émail. On conçoit aisément que l'amidon uni au bleu
d'émail fait que cette couleur devient miscible à l'eau par
cet intermède, ce qui en étend l'usage & la rend susceptible
d'entrer dans les apprêts de nos toiles & de nos baptistes.

Les Hollandois ont appliqué cette préparation à la pâte
de leur papier, pour lui donner un ton de bleu dont l'effet
est très-agréable lorsque la nuance en est ménagée. Dès
que la pâte du papier est parvenue, par le lavage & la tritu-
ration dans la cuve du cylindre, au degré de blancheur
qu'elle peut prendre, les Hollandois y ajoutent une dose
d'une certaine nuance connue de bleu d'émail uni à l'a-
midon ; ils ferment alors la caisse du cylindre, qui ne prend
plus d'eau & qui n'en verse plus au dehors, & par le mouvement du cylindre, la teinte du bleu se distribue unifor-
mément dans toute la masse de la pâte, elle y adhère de
telle sorte, qu'il ne se fait point de dépôt de cette couleur,
ni dans la caisse du cylindre, ni dans les autres caisses du
dépôt, ni dans la cuve à ouvrer.

D'après ce détail, il est visible que la pâte du papier,
ne recevant le contact de la couleur bleue de l'émail que
par l'intermède de l'amidon, il est nécessaire que cette
substance farineuse s'unisse à la pâte, qu'elle entre par consé-
quent dans la composition du papier, & qu'elle occupe autant
les parties de la surface que celles de l'intérieur : il n'est
donc pas étonnant qu'elle empâte & qu'elle émousse le

bec de la plume, à mesure qu'il forme des traits, sur-tout
lorsqu'on écrit un certain temps avec la même plume. Au
reste, si l'on est plus frappé de l'inconvénient qu'a le bleu
d'émail d'empâter le bec de la plume, que du lustre
agréable qu'il communique au papier lorsqu'on l'emploie
en dose convenable, on pourra substituer à cette préparation d'autres matières colorantes dont j'ai fait l'essai en
différens temps, & qui remplissent assez bien le même
objet; elles sont peu coûteuses, se mêlent facilement à la
pâte, ou dans les cylindres, ou dans la pile affleurante, ou
dans la colle, sans former des dépôts & communiquent
d'ailleurs au papier des teintes légères. Elles n'ont pas
l'inconvénient de certaines couleurs mattes qui déposent
dans la cuve, qui deviennent mal unies par la colle, &
qui donnent ordinairement au papier des nuances de bleu
forcées. Parmi les préparations qui réussissent, je puis
indiquer ici, 1.º la composition du bleu de Saxe, qui est
une dissolution de l'indigo dans l'acide vitriolique; 2.º le
vitriolique de Chypre.

J'ai recueilli en Hollande beaucoup d'autres observations
sur la Papeterie, lesquelles réunies à d'autres faits analogues
que j'ai remarqués en France, peuvent contribuer à per-
fectionner la pratique & la théorie de cet art, qui n'est
qu'une suite de petites manœuvres très-compliquées &
très-délicates; elles pourront fournir matière à un second
Mémoire que j'espère mettre incessamment sous les yeux
de l'Académie.

EXPLICATION DES FIGURES.

LA *Figure première* repréfente le plan d'un étendoir, dont la diftribution des croifées eft faite fur ce fyftème, qu'on a réfervé autant de plein que de vide. *A* eft un paffage féparé de l'étendoir pour conduire à la falle de la cuve. *C* indique les poteaux qui foutiennent les planchers, & l'équipage des cordages pour étendre le papier.

La *Figure deuxième* repréfente l'élévation de l'étendoir à deux étages: on pourroit ne faire qu'un rang de croifées, & donner moins d'élévation à l'étendoir; mais cette conftruction dont on voit ici le plan, a paru beaucoup plus avantageufe, parce qu'elle donne plus de place pour étendre le papier & qu'elle facilite l'introduction de l'air dans la partie fupérieure: dans le cas d'un feul étage, on pratique à l'extrémité du toit deux lucarnes *F F*. *D* eft la coupe du paffage de la *figure première*, & qui fert de communication de la falle de la cuve à celle de la colle. *E* eft la couverture de l'étendoir qui doit être en tuile ou en planche ou en bardeau doublé de paille, pour conferver plus de fraîcheur. Cette couverture pourroit être fimplement en paille, comme à l'ordinaire, fi l'on ne craint pas les incendies.

La *Figure troifième* repréfente la coupe de l'étendoir & de fa couverture fur la largeur: on y voit la proportion fort élevée du toit, pour diminuer l'action de la chaleur. *G F* eft le premier plancher. *A I* eft un Tirant fur lequel eft établi le fecond plancher. *H* eft un petit Entrait fur lequel on peut établir un troifième plancher. Ces planchers ne doivent pas être garnis de planches dans toute leur étendue, feulement dans les parties voifines des attaches des cordages & où fe fait l'étendage des cordes; le refte doit être garni par des rateliers à clairevoie: outre que cette difpofition épargne les frais de conftruction, elle fait auffi que toute la maffe de l'air circule aifément de bas en haut.

Il y a des fabriques où l'on fe contente de planches larges & mobiles, qu'on tranfporte d'une traverfe à l'autre à mefure qu'on étend le papier; mais cette pratique peut être dangereufe. *A B I* donne une idée de la proportion du toit qui eft conftruit avec des fermes chevronnées fuivant l'ufage.

Les croifées doivent être fermées très-exactement par des jaloufies dont on puiffe ouvrir plus ou moins les planches mobiles, fuivant la quantité d'air qu'on veut admettre; ces jaloufies peuvent être conftruites de différentes façons; elles rempliront l'objet, lorfqu'on pourra empêcher l'introduction de l'air extérieur, ou l'admettre à fa volonté; il faudra auffi fermer exactement par des jaloufies les deux lucarnes du toit

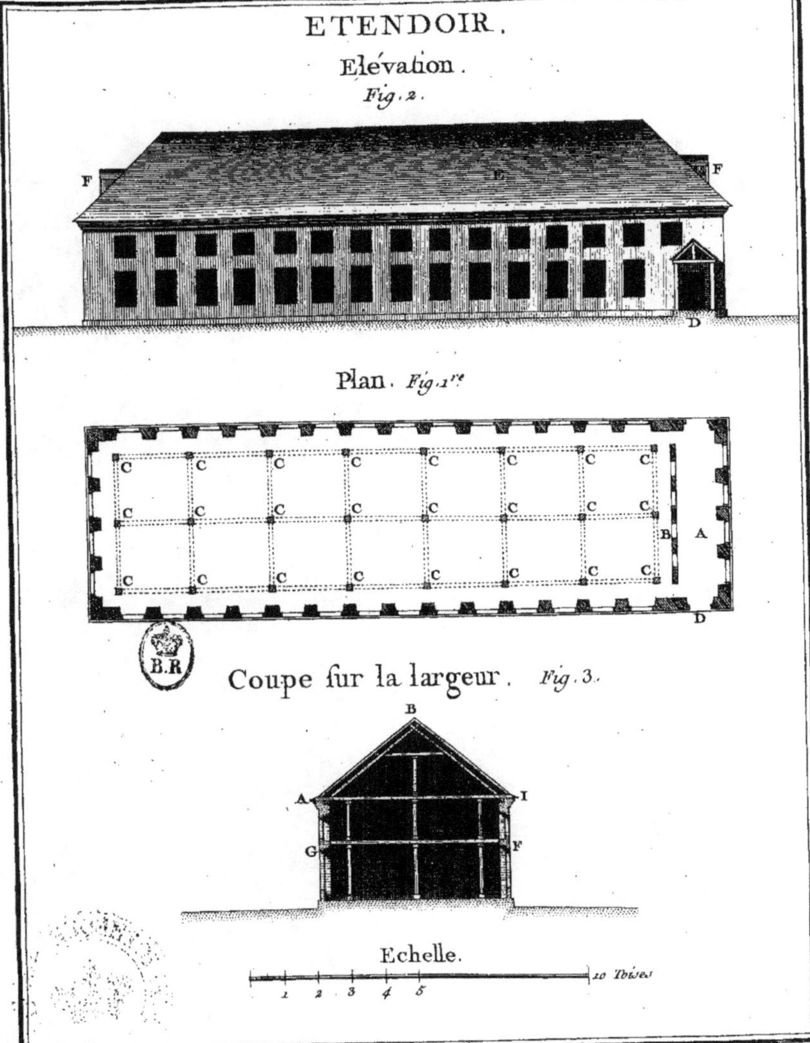
ETENDOIR.
Elévation.
Fig. 2.
F
F
D
Plan. Fig. 1re
C C C C C C C C
C C C C C C C C
B A
C C C C C C C C
D
B.R
Coupe fur la largeur. Fig. 3.
B
A I
G F
Echelle.
10 Toises
1 2 3 4 5